影山直美の 犬川柳

絵と文 影山直美

川柳と4コマ漫画と柴犬と

柴犬と暮らしてから、私は彼らの行動が4コマ漫画にハマると気づいた。しかしそこに川柳までコラボさせているマニアックな集団がいたとは。それがシーバ編集部。やがて、編集部が川柳を詠み私が漫画を描くという楽しい遊びが始まった。

柴犬を語れる友のいる平和

15年も前のこと。私は柴犬のお尻をデーンと2つ描いて都心のギャラリーで展示した。予想していたよりもかわいいと言ってくれる人が多く、ありがたかった。何より、柴犬のお尻のかわいさをみんなで共有できる日常がありがたい。普通の日々が。

肉球の
横の小さき
タンポポよ

犬と歩いていると、どうしても足元に目がいく。早春、まだ風は冷たくても、枯れ草の間にはクローバーやナズナなど小さな春が芽生えているのが発見できる。タンポポは意外と早くからつぼみを持っていて、日々の気温の上昇と共にその茎を伸ばしていく。

誰よりも老犬のため冷房ON！

このところの夏の暑さったら尋常でないから、あまり我慢しないで冷房を入れた方がいい。とはいえ自分ひとりだともう少し扇風機で頑張ろうか、なんて思うのだけど。室内に犬がいて、しかもそれが老犬だったりすると即、冷房のスイッチオン！　です。

今ですか？忘れた頃に換毛期

心配ごと

換毛期っていうのも犬によってまちまちだ。春に向かう時はだいたいみんな一緒だけど、秋深まってからボソボソと抜けてくることがあって驚く。厳しい寒さに備えて上等な冬毛が生えてくるのだろうが、やたら見すぼらしくなってしまう期間が悲しい。

シクラメンも犬も温室影ながく

悪気はない
大好きな姉ちゃんと…
ただ一緒に寝たいだけ
満足♫
……

毎年、高校時代の友人からシクラメンが届く。華やかな赤を見ているといよいよ師走かぁとしみじみ。大事に大事に、日のあたる窓辺に鉢を置く。ふと見れば犬も同じ日にあたってスヤスヤ。どちらも温室育ちってわけ。そう、犬だって寒いのイヤなんです。

愛想いい　犬と歩けば　友が増え

犬と暮らすようになって変化したことの一つに、近所付き合いがある。犬の散歩がなければ近所の人との会話もなかったかも。また、その時どういう性格の犬と暮らしているかによって付き合い方も違う。犬次第で生活スタイルも変わるものなのだ。

「それが柴犬さん」

うんうん、柴犬ってこういうとこあるよね。
そんな声が聞こえてきそうな
あるある話を、まずは一気にどうぞ！

柴同士 話したいのに 大喧嘩

最近はフレンドリーな柴犬が増えたけれど、以前はすれ違っただけでお互いガウガウ、なんていうのが珍しくなかった。お近づきになりたいのに名前も知らずに早5年、とかね。飼い主同士もそれがわかっているから、目ヂカラでお互いを労ったものだよ。

散歩キミ
ゴハンはあなたの
八方美人

犬は飼い主をよく見ている。例えば「飯をくれるのは母ちゃん。父ちゃんが休みの日は夕飯当番。夜中にオシッコしたくなったら父ちゃんを起こしてもダメで、母ちゃんなら飛び起きる」とか。飼い主が仕切っているようで、実権は犬が握っているのかも。

迷い道 先導するのは どっちなの？

犬と一緒に歩いていると、彼らの気分が伝わってくるものだ。ご機嫌だなぁ〜という時はいいけれど、向こうから来る犬が苦手なんだな、なんていう時はこちらも気が引きしまる。ごまかしている、すっとぼけているなんていうのまでわかるもんですよね。

ワンワンと吠えてばかりで後ずさり

ウチの犬もビビリだけど、知り合いのところにも超ビビリ犬がいる。何度も会っているのに慣れてくれず、いつも飼い主に抱っこされつつブルブル。それが「じゃあね」と別れた途端に強気で「ガルゥ！」。自分が勝った雰囲気出したいらしいです……。

初雪に庭駆け回る「ぽんとじゃん！」

編集部

これは誰もが夢見るシーン。ひらひら舞う雪の中を愛犬が駆け回り、積もった雪の上には足跡が転々と！そう、子供の頃に例の歌を習ったおかげでね。でも寒がりの犬もいるし足が濡れるのを嫌うお方もいる。はた迷惑な歌だと思っているだろうか。

忠犬のイメージ肩にのしかかり

編集部

「日本犬はいいわね～、キリッとして」洋犬と暮らしている人から言われることが多い。凛々しいとか忠犬とか、一般的な日本犬のイメージって確かにある。でもやっぱり性格は犬それぞれ。ウチのガクなんて、中身はプードルなんじゃないかって疑惑が！

無理矢理に友達作られ大迷惑

編集部

友だちの友だち

母ちゃんの友だち

母ちゃんの友だちが飼ってる犬

それは…

全くの他人…

ほらほら

お友だちよ

散歩中に「お友達お友達〜」と近づいてくるおじいさんとその愛犬。いや、犬の方は引っ張られて仕方なくついてくる感じ。仲良くしようとしてくれるのは嬉しいけど、愛犬さん嫌がってますよ……なんてことがあった。少しずつお近づきになりましょう。

命令はきけるがきかない天の邪鬼

編集部

オスワリとかマテなど教えたものについてはできる、というか「知っている」。でも言われたらやらなきゃいけないってとこまでは教えられていない。ごもっともです！　それでもオヤツが欲しい時はオスワリに付き合ってくれるお犬様。オトナなのだ。

バツが悪い
失敗見られた
人間に

犬の感情は思っているより複雑で、心のひだは幾重にもなっているのだ。……なんて言うと詩的に聞こえるけど嬉しい、悲しい、寂しい、怒ったその他にもいろいろあるってわけなのです。失敗を飼い主に見られた時のごまかし方なんて見習いたいくらい。

病院は怖いの犬が吠えるから

はーん、ウチの犬はきっと皆さまにそう言われているでしょうよ。だって、聴診器をあてられただけで「ギャーン！」と断末魔の叫び。診察室の中で何が行われているのかって、疑われてしまいそう。お医者さまにはホント申しわけない気持ちですっ。

抱っこしてほしいが素直になれぬオレ

日本犬といえば庭で飼われていた時代もあったけど、家の中で家族と同じ空間にいると見なくていいものまで見てしまう。お姉ちゃんがヌイグルミを抱っこしているのを見て唇を噛む犬もいたりして。ただウチの犬はもう素直にやきもちを体現しますが。

使わぬが使っちゃ困るよイヌゴコロ

編集部

先代犬ゴンは服を着るのが苦手で、レインコートくらいしか受け付けなかった。ゴン用にいただいたTシャツも1回着ただけで終わり。しかしそれを目の前で近所の犬に着せた時、ガウガウ吠えて怒った。なんとTシャツは既にゴンの私物になっていたのだ。

気がつけば立つと離れるウチの犬

愛犬とイチャイチャしたくても、あちらがその気でない時は寂しい目に遭う。犬たちは決してこちらを突き飛ばしたり「ウザイ」なんて言ったりはしない。誰かに呼ばれたようなフリをするだけ。そっと席を立つという技でお断りの意を示すのだ、あぁ！

悶えだす 姉ちゃん取られ 嫉妬心

編集部

犬の冷ややかな目って、見たことあります？　それはそれは恐ろしいんだから。あんな顔もできるんだね……。主に嫉妬なさっている時ですな。「フーン、そっちはそっちで仲良くしちゃえばいいじゃん。構いませんよ、ええ」そんな声が聞こえてきそう。

意外にもうはうはモテても地獄なり

うはうは、って(笑)。ええ、笑っちゃうくらいモテたいもんですよね。でもあまり一度に来られても逆に困惑する。散歩中に好きな人に囲まれて、誰から行っていいかわからなくなってプチパニック。挙げ句の果てにウレションしちゃったりしてサ。

キミの膝ワタシのためにあるんです

編集部

そう言ってもらって結構！　いつでもアゴ乗せしてもらってOKですが、そのまま熟睡されると困る。トイレに行きたい、足も痺れてきた、でももったいなくて自分から「どいて」なんて言えない。すっかり弱みを握られている飼い主なのだった。

待つことがお仕事なんです犬の世界

うっ……、いつも待たせてごめんね。ウチの犬「マテ」はできないけど待つことはできる。例えばまさに今がそう。本当はゴハンの時間なんだけど、キリのいいとこまで書いてしまいたいからと既に30分オーバー。あと何分待ってくれる？　聞くだけ野暮ね。

ごめんなさい素直な気持ちが大切よ

相手が犬だって、そりゃ私が悪けりゃ謝ります。ていうか相手が犬ならなおさらのこと、です。家族には素直に謝れなくても、犬の前では別。ありがとう、ごめんなさい、かわいいね、流石ですね、大好きです、ついていきます！ まだ言い足りないワ。

世界中柴がいれば平和かも

編集部

NO！と言える…

「ノー」と言えずに…

お祭当番頼むよ

はいっがんばります

町内会

ノイローゼ

うーん

うーん

うーん

提灯が間に合わない

金魚のはずが鯛!?

「ノー」と言って…

ワワン！

あとくされなし!!

気の合う仲間とだけ生きていけたらどんなに楽か。苦手な相手には「ワワン！」って言っちゃってサ。あの人ちょっと変わってんじゃないの？なんて言われても気にしなくてサ。そして誰かを傷つけることもなく。そんな柴犬のやうな人に私はなりたひ。

バカ犬と言うが心じゃイイコちゃん

編集部

照れ隠しでしょうが、外で愛犬をほめられた時に「いやいや、バカ犬ですよ」なんて言う人もいる。でもきっと家ではめちゃくちゃかわいがってるはず。こんな時に使える魔法の言葉、ないもんですかねぇ。謙遜しすぎず、お調子者とも思われないやつ。

先代犬
ゴン・テツに
贈る一句

いつか会う その日に向けて 顔パック

最近、夢に出てきてくれなくなった
ゴンとテツ。
空で楽しくやっているなら嬉しいけど、
私のことも忘れないでいてくれるよね？

いつか再び会った時、
私がどんなにシワだらけでもちゃんと気づいてね。
とりあえず
お手入れだけはしておくから、よろしく！

「飼い主は一生懸命」

子供の頃から柴犬と暮らしていた人も
大人になって初めて柴犬を迎えた人も、
いつも飼い主は一生懸命。

散歩道
くさいウンチは
よその犬

シーバ編集部には、愛犬のウンチなら直にポケットに入れて持ち帰れるって人がいる。天晴れです。ところで私は無意識のうちに愛犬や顔見知りの犬のはウンチと呼び、道端に置き去りにされたものは糞と呼んでいた。愛犬の物は何でも愛おしいもんです。

ケツの穴ひくひく動く5秒前

編集部

わかりやすいのが一番！
ウンチ出るよ、の合図はいろいろある。
同じ所をくるくる回るとか…
地面をかくとか。
かきっ
しかしこれらは不発に終わることも多い。
ガクッ
ポー
一番わかりやすくて確実なのがこれなのだ。
よしっ来い!!
ひく
ひく

ウンチの合図、ホントに助かる。もし愛犬が長毛だったらこの楽しみはないわけで（楽しみをそこに見出そうとは思ってないかもしれないけど）。ただし「ひくひく」から何秒かかるかは犬それぞれ。体調によっても変わるから今日もジッと見ちゃうのだ。

毎日が同じ食事じゃ飽きるだろ？

よくカリカリのドッグフードを食べ続けてくれるものよと、ありがたく思う。手作りのゴハンを毎回あげている家庭もあるけれど、我が家はカリカリにオマカセです。でもたまには御馳走を！　そんな時、犬たちはお皿をピッカピカに舐めてくれるんだよね。

撫でてって言うから撫でたらすぐ怒る

編集部

犬が撫でられて喜ぶツボはだいたい同じだけれど、それが全てに当てはまるわけではないのはご存知の通り。喜ぶツボと怒るツボが隣接していることもあるから要注意だ。我が家の二代目犬テツがそうだった。その分、喜ぶツボを発見した時の達成感たら！

かわいいが心は邪悪な天使ちゃん

家族の愚痴を一番近くで聞いているのが愛犬でしょう。うっかり妻や夫への不満を漏らしたら、それをネタにしてオヤツをせがまれたりして。家族内で不自然に愛犬に尽くしている人がいたら、何か弱みを握られているのかもしれない。コワイコワイ。

取りにくい場所にわざわざ狙いつけ

編集部

善良な飼い主は、愛犬がどんなに拾いにくい所にウンチをしたって回収するのが当然。それにビニール袋を忘れたらいけないから、疑心暗鬼になってね。気がつけばポケットはビニール袋だらけなのサ。だからお願い、もう少し拾いやすい所で催して。

我が街が発展するたびがっかりし

道が舗装されて、雨の後でも靴が汚れないのはいいけれど、真新しいアスファルトが犬のオシッコを全部はじいてね。散歩タイムともなればそこいらじゅうが水たまりのようになってビックリ。泥と草と原っぱ。これ大事なんです。よろしくお願いします。

いつまでも踏んばる姿を記念碑に

私達が柴犬の踏んばりにこうも惹きつけられてしまうのはどうしてなんだろう。とにかくかわいい、そして真面目すぎる。散歩中に愛犬がポーズを取った時、誰かが近くを通ったなら私は心の中で叫ぶ。「さぁ、ご覧ください！　かわいいですよ！」とね。

におい嗅ぎ最上級のかわいがり

編集部

肉球とか頭とか、もう嗅ぎまくりたいですよネッ。それから首すじを撫でた時にそこはかとなく漂う香りもいい。二代目犬テツは体のお手入れが嫌いで「シャンプーしない歴12年」。でも全然臭くなかった！　あぁ、テツのにおいを嗅ぎたい、嗅ぎたい！

大好物フンパツするも食、進まず

ウナギ

私は、夏バテの愛犬にどうしてもウナギを食べさせたかった。

何日もの旅の果てに手に入れたウナギで・・・

誕生日だからって極上のお肉やでっかいガムなどあげてみたけど、犬はさほど喜ばなかった……。そんな苦い経験を何度繰り返したことか。こまの誕生日に馬のアキレスをあげたことがあったけど、困り果ててピーピー鳴きながらうろついていたっけ。

気持ちよく行きたい方へ行ってみたい

散歩コースを犬が自分で決めたら、どこを歩くんだろう。とかく飼い主は「サッサとウンチが出る場所」へ直行したがるもの。愛犬の気持ちを察して好きなように歩かせるには、忍耐と時間が必要だ。でもきっとその人は、犬から好かれるだろうなぁ。

その黒さ 父に勝ち目は ありません

編集部

黒くて艶々している鼻は元気な証し。初代犬ゴンの晩年。病気にかかって寝ているゴンの鼻はガサガサだった。獣医さんに相談したら、オリーブオイルをちょっと塗るといいとのこと。そーっと塗ってあげたけど、あの時のゴンの気持ちはどうだったろう。

久々のヘソ天披露に夢心地

人も犬も年を重ねると同じ体勢を保つのがキツイらしい。だから朝早く目覚めちゃうのかな。うちで一番ヘソ天しているのは、お気楽犬こま。背中が痒いのか笑いながらクネクネしていることも多々。因みに家族一のお寝坊で、ずっと同じ体勢で寝ている。

我慢せず甘えてほしいな全力で

編集部

我慢てのはトイレのこと。そう、我慢は良くない。と言ってどこでもジャ～ッとやってほしいわけでもない。やっていいのは「お年の方」だけだ……と、ウチのガクに言いたい。室内トイレができるコなのに、なぜか間に合わないことがあるんだよぉ(泣)。

お部屋の毛掃除しようかやめようか

愛犬が元気な時は部屋に掃除機をかけまくってコロコロもかけまくるんだけど、お空へ旅立ったコの抜け毛は愛おしい。とても掃除機では吸えない。指でそっとつまんで、タンポポの綿毛のように花壇へフウッ。スミレの根元にそっと隠れたよ。

ついついとキミの分までお買い物

二代目犬テツがお腹の調子を悪くした時によく与えていたのが鶏のササミ。そんな時は、妹分のこまも一緒に同じものを食べた。テツが亡くなった直後はついササミを買ってしまったものだが、最近はさっぱり。こまはササミを懐かしがっているだろうか。

この角度あんた好きでしょ確信犯

後ろから撮りたいんですよ、桜の花と一緒にね！　でも普段からカメラ目線を教えているものだから、スマホを構えるとみんなこっちを見ちゃったりして。そういう時は2人がかりで撮影会。早くしないと犬の表情がどんよりしてくる。ほら、遠い目……。

友人の母の夢にて近況を

青空を見上げるたび、天国へ行った愛犬の顔が浮かぶ。今頃どうしているかな。亡きシーバスタッフ犬は、飼い主よりも犬友さんの夢に度々出演しているとか。夢の中で笑っているならそれでいいけど、近況報告は是非とも直接お願いしたいものだわ。

記念写真そんな暇ない成長期

編集部

子犬の時計は早い。コロコロふにゃふにゃ時代はあっという間に過ぎていく。見返せばブレずに写っているのは寝姿ばかり。あとは動きが激しくて追えなかったり、お世話が大変で写真どころじゃなかったり。ぜひ一緒の写真を家族で撮り合っておこう。

編集部

マニュアルや常識無視する優等生

犬と暮らしてから勉強したことはたくさん。一時期はしつけ本も読み漁った。でもウチのケースに当てはまることもあれば、そうでないこともある。本を参考にしつつ最終的には「我が家流」を築く。それが犬にも人にもストレスない生活につながるよね。

お気楽犬・**こま**を語る一句

姉修行 やってみたけど 飽きちゃった

二代目犬テツが亡くなり、
ひとりっ子になったのも束の間、
保護犬だったガクがやって来て
突如「姉」に押し上げられたこま。

なんとなく予想していたけど、
弟分への指導はユルユル。
上下関係？　なんかめんどくさ～い……
そんな声が聞こえてきそう。

指導を放棄した姉は、囚われの身になってもオヤツを取られても怒ったりしない。

「柴犬さんも一生懸命」

真面目になるほどなぜかおかしい。
そこが柴犬の謎であり、魅力でもある。
今日も笑わせてくれてありがとー。

手にあれば何でもごちそう座らなきゃ

ポケットに手を入れると犬がオスワリするとか、冷蔵庫を開けると犬が走ってくるとか。オヤツじゃないよと言いたい場面は多々。日頃オヤツで釣っているからだ。食いしん坊犬がクはもっとうわてで、自分からハウスに入ってオヤツを催促してくる。

わくわくと
一緒に掘る穴
何もなし

編集部

犬が庭を掘りまくっていると何が出てくるのかドキドキ。1ヶ所に集中している時はなおさらだ。初代犬ゴンは以前に住んでいた借家の庭から不燃ゴミを掘りあてた。前の住人が埋めていったのだろう。ゴンちゃんもうやめて。捨てるのは私だからサ……。

洗うなよ せっかくつけた いいにおい

シャンプー後の犬はいいにおい〜。もちろん犬クサイといういいにおい（複雑……）が一番だが、花やハーブの香りをまとった犬も時にはいい。でも犬の方は迷惑かもしれない。足の裏からお尻まで、好みの香りに仕上がったところでシャンプーされるなんて。

パパだけはいつも長いよマテの時間

編集部

神経質な犬もいる。二代目犬のテツがそうだった。ドッグフードを1粒ずつ食べていた時は、数えているんじゃないかとドキドキした。因みに、テツにマテをさせたことはない。鼻にシワ寄せて怒るから。待ち時間のバラツキが嫌だったのかもしれない。

拾ったらオレのもんです 届けません

ゴンが散歩中にテニスボールを拾ったことがある。とても気に入って口から離さず、そのまま歩き出した。しかしずっと咥えているにはちょっと大きすぎたようで、途中からフンフン鳴き出した。鳴いて落としてはまたすぐ咥え、30分頑張って帰宅した。

寂しくて床にウンチの自己主張

八つあたりに嫌がらせ、犬もやる時はやる。お気楽犬こまも「何よフン！」と、激しい八つあたりをする。狙われるのは決まって私の座布団。目を釣り上げて振り回したりかじったり。全くどういうこと？　犬が物にあたるなんて我が家史上初なのだ。

忙しい時に限って邪魔をする

私が庭いじりをしていると、ゴンが急に穴を掘り始めるなんてことがよくあった。飼い主につられて忙しくなってしまう犬がかわいい。ガクもそうだ。ピンポーンと宅配便が来ると、自分が一番忙しくなってしまう。ウロチョロされると困るんですけど！

ライバルがいるわけないのにメシ抱え

編集部

誰もそんなの取らね〜よ、っていうヨダレだらけのオモチャを犬が大事に抱えている。横を通りかかるとサッと咥えて逃げたりして。もしかしてライバル（＝同列）と思われている？でも犬の真剣すぎる姿がかわいいから、ちょっと冷やかしてみようか。

平和主義 信じてもらえず 親根み

ピンと立った耳、クルンと巻いたシッポ、堂々とした姿。どれも柴犬のチャームポイントだけど、それが他の犬種からは威嚇のサインに見えるとか。こちらが何もしていないのにワンワン吠えられる時は「カワイイって罪ね」そう呟きつつ立ち去ろう。

よろよろと歩くは家の中だけか？

編集部

ゴンが足を痛めて、階段の上り下りを控えていた時のこと。散歩コースの階段の手前で抱っこをしようとしたら、ゴンがヤダッとばかりに私の手をすり抜けた。見ると階段の上から柴女子が降りてくる。キャーッ、ゴンちゃんカッコつけたの？　そうなの⁉

「降参です」ヘソ天するも逆効果

犬が転がってお腹を見せるのは服従の合図だと言われている。でも実際にはそうとは限らない。近所の柴犬はお腹を撫でると大喜び。そして撫でるのをやめると「ワワン!」とキレて飛び起きる。ずっと撫でてなきゃいけないってわけ。こっちが降参だよ。

「ヨシ」待ちで飼い主チラ見も気づかれず

たまにテレビ番組で犬が何分マテできるか競争させてるのがあるけど、ちょっと悲しくて見ていられない。ちなみにウチのガクはゴハンの時にマテをさせると地団駄を踏む。マテとはいっても2秒位よ。これで何分も待たせたら大変なことになってしまう。

好きなもの執着心は犬百倍

こまとガクが喧嘩もせずに1つのお皿からゴハンを食べられるとわかったのは、ある本の撮影の時。本当の姉弟のように2匹頭を突っ込んでパクパク。でも後からその写真を見たら、ガクが優しそうな顔をしているのに対し、こまは目が釣り上がってたよ！

この戦 そちらに勝機は ありません

編集部

散歩中に横をバイクが通り過ぎると、犬が絶対にクシャミをする。犬を乗せてドライブ中に夫がタバコを吸うと、やはり後部座席でクシャンクシャン×2匹。人間はちょっと臭いなと思う程度でも、犬にはものすごい刺激に違いない。鼻で犬には勝てない。

犬撮影 動画のはずが静止画に

犬も年を重ねると動きがゆっくりになるのだから、ドッグランに行っても走っている動画など撮れなくなってくる。でもポツポツと草を喰む姿や他の犬をボーッと見ている姿だって、動画で残したい。究極は眠っている犬のお腹の浮き沈み、これでしょう。

飼い主よ中身はキミより大人です

編集部

14歳
ねー夏休みどっか行こうよ
台湾とかハワイとか
少しはポチを見習ったらどうだ
メシは毎日ドッグフード。
たまの旅行は動物病院。
それでも文句なんか言ったことない。
同じ14歳でもポチの方がオトナじゃないか!!
そこ、一緒にする?

「フッ、しょうがないな」犬がそんな顔を見せる時がある。お、おとな〜！　我慢することが多いのは人間より犬の方。それに犬は家族のことをよく見ている。自分が従うことで万事丸く収まるならそれでいいと思っているのだろう。犬こそ大黒柱なのだ。

昔から ゆとり教育 犬ライフ

人から見れば、犬は毎日ゆとり生活。だから出勤前のお父さんはわざと「お前も一緒に会社行くか？」などと大声で言って、犬を起こしてみたりする。やめてよ、これから二度寝に入ろうとしていたのに。いや三度寝か！……ほら、やっぱりゆとり生活だ。

神様が連続登板大記録

編集部

ボール遊びが好きだった亡きシーバスタッフ犬。天国で彼の相手をしているのは誰だろう。神様？　なんなら私から天国の祖父母と叔父に一筆書こうか。みんな犬好きだもの、いっぱい遊んでくれるはず。その代わり晩酌の相手をしてあげてね！

チョコレート
カレーにマーボー
カニピラフ

編集部

犬に与えちゃいけない物ばかり。と同時に犬が食べたがる物でもある。テーブルの下で妄想が膨らんでいるだけで、実際に食べたらまずくて吐き出すかもしれないのに。たとえ天国で許しが出たからって、こんなもの食べちゃダメだよ。お腹こわすからね。

犬と人 どっちが師匠で弟子なのか

編集部

犬に教わったことはたくさんある。私から犬に教えたことはあるだろうか。車ってのは危ないんだよ、くらいじゃないだろうか。少なくとも私の内面からにじみ出た言葉ではない。誰かから学んだことの焼き直しだ。犬は身ひとつでなんでも示してくれる。

熱い犬・ガクを語る一句

「柴距離」は 載っていません ボクの辞書

ガクは相手との距離が近い。
こまがくつろいでいれば
必ず体をぴったりつけて座るし、
私が床に座っていれば膝に乗ってくる。

相手のにおいを嗅ぐ時は
鼻を直にくっつけないと気が済まないらしい。
ガクが気を許した相手は、
いつも少々ヨダレがついている。

「キミを守りたい」

何があっても守ります。
一生尽くします。
だから元気で笑っていてね。

飼い主の生まれた子供に姉気取り

後から来た方が子分に決まってる。その面倒を見るのはワタクシ柴犬の役目。何なら飼い主だって面倒見てあげてるんですけど。だってね、最初はこちらの方がコドモだけど、なぜか追い越しちゃうんだから。年寄りの言うことは聞き、そして敬うもんです。

愛犬と寝る役あらそい大喧嘩

淋しい腕まくら

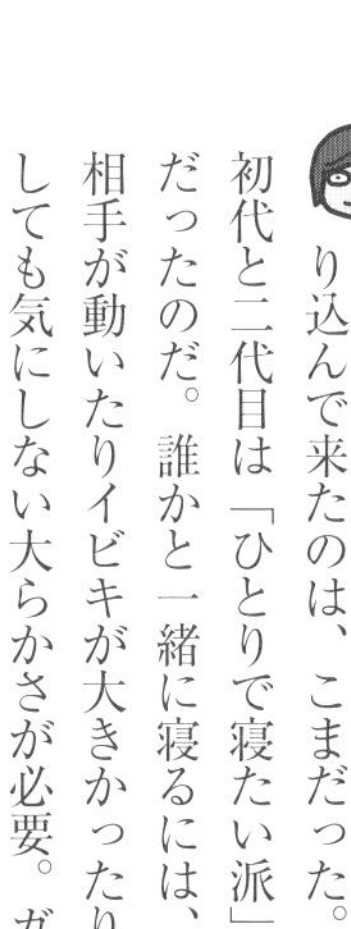

我が家で最初に飼い主の布団に潜り込んで来たのは、こまだった。初代と二代目は「ひとりで寝たい派」だったのだ。誰かと一緒に寝るには、相手が動いたりイビキが大きかったりしても気にしない大らかさが必要。ガクはちょっと無理そうだなぁ。

心では介護してますおじいちゃん

家族が本当に具合が悪い時って、犬はちゃんとわかるものだ。その一方で、熊に襲われたフリとか川の浅瀬で溺れたフリなどは通用しない。危機感とか「弱ってる感」を伝えるのは言葉じゃないのだろう。ちなみに二日酔いの朝も、犬は結構優しい。

雪遊び
楽しみ待ちつつ
はや二年

編集部

ウチのこまは1月生まれなので寒さに強いんじゃないか、などと根拠もないままに思っていた。でも正反対。私の羽毛布団にすっぽり潜り込んで寝ていた時は、本当に犬か？　と疑った。でも雪にはきっと喜ぶはずだよね……と、これも根拠はないのだが。

俺の種類柴犬だとは初耳だ

犬に鏡を見せてもボーッとしているだけで、それが自分だなんてわからない。身だしなみを気にしなくていいのは、ちょっと羨ましいかも。私はよく、こまに「ほらっ、女優さんなんだから目ヤニなんかつけてちゃダメよ」と言ったりする飼い主バカです。

もう一度犬のお伴をしてみたい

編集部

ここで言う「お供」とは、若くて元気な犬に引っ張られて歩くことらしい。堂々と前を歩く犬は頼もしい。でも年を重ねた犬がゆっくり歩くのは、かわいいものですよ。ウンチの合図を見逃さないためには、少し下がってお尻を見ないといけないけど。

ドライブの車内で昔の表情に

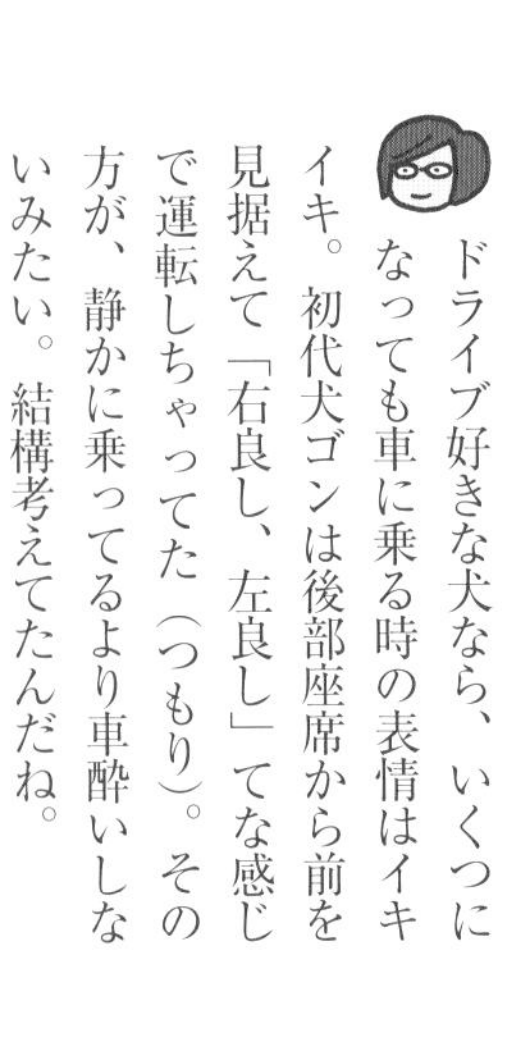

ドライブ好きな犬なら、いくつになっても車に乗る時の表情はイキイキ。初代犬ゴンは後部座席から前を見据えて「右良し、左良し」てな感じで運転しちゃってた（つもり）。その方が、静かに乗ってるより車酔いしないみたい。結構考えてたんだね。

寝坊して犬に起こされる夢を見る

編集部

在りし日のテツは、朝になると私を起こしに来てくれた。ていうか、オシッコしたいから庭に出してくれって催促。毎日ほぼ決まった時間だから偉い。一方こまが起こしに来たことはない。あのコはネ、黙ってりゃ8時位まで寝てまさぁ。お寝坊なんス。

このにおいたまらないです埋もれたい

編集部

「お父さんの服と私のを一緒に洗濯しないで」なんて言う娘さんもいるとか。悲しむお父さんの味方は愛犬。あの枕をしゃぶったりできるほどのにおいフェチだ。布団を干されたらせっかくのにおいが台無しだから、干さない方が愛犬のためではあるわけで。

小家族 洗濯機は 大容量

犬の布団や毛布なんて、そう頻繁に洗う物でもないけれど、年老いてお漏らしがあったりすると話は変わってくる。夫婦2人の生活であってもあまり小さい洗濯機にしない方がいい、というのは経験上のこと。お漏らしされても、笑って洗える環境っていいな。

キミとボク地球のどこに着いたかな

ゴンとは2時間くらい散歩した日もあったっけ。健脚で、老いてもそれは変わらなかった。病気にかかってからは部屋の中をグルグル歩いた。寝てばかりいるより楽なようだった。私も付き合った。「食堂探しの旅」と名づけて、ふたりでグルグルした。

抱っこしてはじめて気づいたダイエット

晩年のゴンは病気のせいで痩せてしまい、それがせつなかった。「私がぎっくり腰にならないように気を遣ってるのかい？　もう少し重くても大丈夫だよ」そう話しかけていたっけ。でも今になってよく思い出すのは、ムッチリしている姿なんだよねぇ。

今はまだ本気を出していないだけ

編集部

「番犬番犬って言うけど、犬がいつでも家の番をすると思ったら大間違いだ。だいたい吠えれば怒るし吠えなくても怒るなんて、犬にはさっぱり意味がわかんない。吠えていいタイミングは犬が決めたいんだ」by柴犬……デスヨネ〜。ごもっともです。

都市開発 便利になったが自由なし

大雨の時など、駅周辺のアーケードは助かる。このまま家まで屋根の下を歩けたらいいのにと思うが、晴れた日には逆に屋根が邪魔になるだろう。便利になりすぎるのは「不便」なのだ。とはいえ台風の日の犬の散歩には、やっぱりアーケードが欲しいよ。

天国で出入り禁止の大暴れ

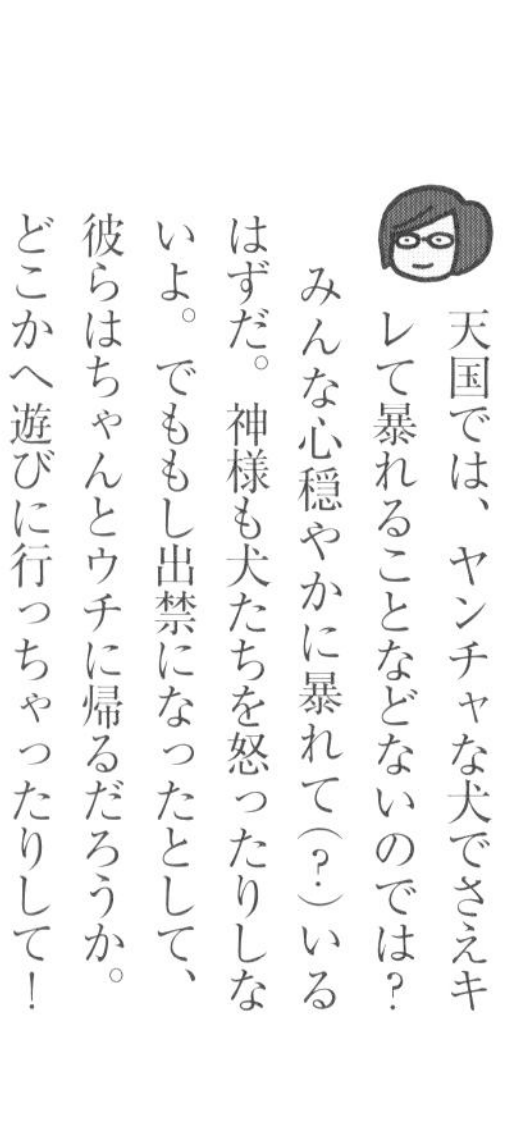

天国では、ヤンチャな犬でさえキレて暴れることなどないのでは？　みんな心穏やかに暴れて(?)いるはずだ。神様も犬たちを怒ったりしないよ。でももし出禁になったとして、彼らはちゃんとウチに帰るだろうか。どこかへ遊びに行っちゃったりして！

ダメなコのダメ親集まりホッとする

編集部

SNSの投稿でたくさんの柴犬がおとなしく並んでいる写真など見ると、本当に感心する。しかもみんな服を着ているではないですか。ウチの犬じゃムリだな……。ガッカリするけど、きっと同じ気持ちの人もたくさんいるはず。そんな声を聞くと、ホッ。

長生き犬講演会は大盛況

愛犬には健康で長生きしてほしい。飼い主みんな願いは1つだ。若いうちから本を読んで勉強したり、備えをしたり。でも何が必要かはそれぞれの犬や家庭によっても違うはず。日々の愛犬観察を怠らず、いざという時にもどっしり構えていたいものよ。

立ち耳をいじられ本日犬種変え

やっぱり立ち耳でしょう！ わかっているけど垂れ耳ごっこがやめられない。それはそれでかわいかったりするからね。手を離せばまたピンと立つその瞬間もかわいい。結局何をしてもかわいい。何度かわいいって言っても足りない。今日もまた言おう。

「おわりに」

２００４年からスタートした「犬川柳」シリーズ。
そこから20年近く経ってからの今回の作品集なので、
ご覧いただいたように
初期の頃と今とでは絵のタッチが違います。
それもあえて描き直さずにそのまま載せました。

私は日本犬専門誌「Ｓｈｉ-Ｂａ」の連載でも
川柳と４コマ漫画を描いていますが、
他の方が詠んだ川柳を元に漫画を作るのは
それとはまた違った楽しみがあります。
むしろその方が自由なんです。
当初は、川柳に込められた想いを取り違えないようにと
気にしすぎていましたが、
次第に思いついたことをのびのび表すようになりました。

編集部としても、その方が
「おっ、こんなのができてきたか！」と
新発見があったのでは（と、信じています……）。

編集部から私の元へ届く川柳には、
いつも愛犬の成長や老いが反映されていました。
晩年の様子を詠んだ句には
せつなさも感じられましたが、
そこに暗さはなく、犬のためにたっぷりの愛情を
注いでいる暮らしが伝わってきて、心温まりました。

川柳と４コマ漫画と柴犬。
この３つが織りなす世界観に皆さんが少しでも
癒しを感じてくださったなら、私たちとしても幸いです。

２０２１年　２月吉日　影山直美

影山直美の犬川柳

2021年2月20日　初版第1刷発行

絵と文／影山直美
装丁・デザイン／平澤靖弘+jump
編者／打木 歩
発行人／廣瀬和二
発行所／辰巳出版株式会社
〒162-0022
東京都新宿区新宿2-15-14 辰巳ビル
TEL03-5360-8064（販売部）
03-5360-8079（広告部）
03-3352-8944（編集部）
http://www.tg-net.co.jp/
印刷・製本所／図書印刷株式会社

Printed in Japan
ISBN 978-4-7778-2728-2